JN122761

ゲノム編集技術と社会をつなぐ試み
海外のコミュニケーション活動

山口 富子 編著

共同文化社

本小冊子のねらい

みなさんは、ゲノム編集という言葉を聞いたことはありますか。

ゲノム編集とは、生物のDNA（遺伝情報）を改変する技術です。この技術を用いることにより、DNAの狙ったところに変異を導入できるため、交配や突然変異という方法に比べ品種改良の時間を大幅に短縮できます。ゲノム編集技術の一つである、CRISPR/Cas9（クリスパー・キャスナイン）はその革新的な性質により、開発に貢献した科学者たちに、2020年にノーベル化学賞が贈られました。この時にゲノム編集技術について知ったという人もいることでしょう。

このような技術に対し、科学コミュニティが強い関心や期待感を抱いていることは言うまでもありませんが、世界各国の政府や産業界も注目をしています。その背景には、この技術が医療、農業、環境など、さまざまな分野に応用可能であるため、社会の問題を解決するための有力なツールとして期待されているからです。一方で、生物のゲノムを改変する技術に対して不安を抱く人や、ゲノム編集技術について聞いたことがない人もいるのが現状です。

このように、人びとの感じ方が一様ではない技術に関しては、互いの考え方を尊重しつつ、社会的な合意を形成する必要があります。そして、その技術が社会でどのように用いられるかについても、倫理的・法的・社会的な観点から十分に検討される必要があります。近年、このような考え方が広く共有されるようになり、世界各国で先端科学技術の導入について、多様なステークホルダーが意見を述べることができるような社会環境を整える活動が進んでいます。

本小冊子では、世界各国で行われている、ゲノム編集技術に関する活動を「ゲノム編集技術と社会をつなぐ試み」と呼び、その活動を中心に紹介します。また、先端バイオテクノロジーや分子生物学、また合成生物学に関わる活動についても取り上げます。

各国の取組を俯瞰するために、本小冊子では、活動の対象（一般市民、ステークホルダー、教員、生徒、研究者、生産者、事業者など）や目的

(「つながる」「つたえる」「つかむ」) といった観点から情報をまとめました。

社会と「つながる」活動とは、ステークホルダーの声に耳を傾け、市民が科学技術に関わる意思決定に参加できる環境を整えることを目的としています。この活動には、科学技術に関心がない人や、科学技術について難しいと感じる人が科学や技術に親しむことを促す試みも含まれます。「つたえる」活動とは、特定の科学技術に関する情報を社会に伝えるための活動や、そのための教材やウェブサイトを指します。社会の動向を「つかむ」活動とは、ステークホルダーへのヒヤリング、一般市民を対象とする質問紙調査、グループ・インタビュー調査によって実践されます。活動によっては、情報を“つたえ”ながら、社会と“つながる”ことを目指すものもあれば、社会の動向を“つかみ”、社会と“つながる”ことを目指すものもあり、その目的や進め方は一様ではありません。複数の目的を持つ活動は、それぞれ「つたえる→つながる」、「つかむ→つながる」としました。活動のタイトルは「~~による活動名」とし、誰による活動かについて簡単に分かるようにしました。また、活動名 (英文) はアルファベット順で並べています。本小冊子は、活動の概要を紹介することを目的としています。各活動についてより詳しい情報を知りたい場合は、各項目の終わりに掲載されているリンクから情報を検索して下さい。

世界中でさまざまな活動が行われています。この小冊子がきっかけとなり、より多くの人が先端科学技術と社会をつなぐ試みに関心を持って下さることを願っています。

目　次

本小冊子のねらい …… 2

つながる

Artist-in-Residence
CHIC によるアートと科学が交わる場 …… 6

Citizens' Jury
タスマニア大学・法と遺伝学センターによる市民陪審 …… 8

CRISPRcon
CRISPR 研究者らによるステークホルダー対話プログラム …… 10

Genome Editing Public Engagement Synergy
NCCPE による市民対話プラットフォーム …… 12

Global Citizens' Assembly
キャンベラ大学によるグローバル市民議会 …… 14

Hands-on DNA
ASDC による分子生物実験体験プログラム …… 16

Meet the Gene Machine
西イングランド大学ブリストル校による生命倫理の教材 …… 18

More Milk Zuri?!
熱帯畜産遺伝学衛生センターによる遺伝学に関する教材 …… 20

Storytelling
サイエンス・ストーリーズ・アフリカによるストーリーテリング …… 22

Scientific Scissors
英国生化学会による体験プログラム …… 24

つたえる

Africa Biennial Biosciences Communication Symposium
ABBC によるシンポジウム …… 26

Allbiotech Summit
Allbiotech によるサミット …… 28

Alliance for Science, Cornell University
コーネル・アライアンス・フォー・サイエンスによる
　　コミュニケーション活動 …… 30

Biotech Game
マードック大学によるロールプレイ 32
Canterbury 2020
ニュージーランド農業園芸研究所によるフォーラム 34
Diverse Perspectives for a CRISPR Future
IGI によるロールプレイ教材 36
100 Voices on the Future of Genomics
ICRISAT によるビデオメッセージ 38
Todo lo que querías saber sobre EDICIÓN GÉNICA y no te animabas a preguntar
アルゼンチン政府によるシンポジウム「ゲノム編集技術について
知りたかったこと、でもあえて聞かなかったこと」 40
Open Forum on Agricultural Biotechnology in Africa
アフリカ農業技術財団による公開フォーラム 42
Framework for Responsible Use
CRGEA による『ゲノム編集の責任ある利用のためのフレームワーク』 44
Target Malaria
インペリアル・カレッジ・ロンドンによる情報提供プログラム 46
Training Workshop
IITA による人材育成プログラム 48

つかむ

Policy, Practice and Public Perceptions
GEAP3 によるゲノム編集技術に関する社会調査 50
Public Dialogue on Genome Editing
ナフィールド生命倫理評議会・バイオテクノロジー・生物科学研究会議による
市民対話プログラム 52
Public Attitudes to Gene Drive Technologies
ニュージーランド自然保護局および研究チームによる
遺伝子ドライブの全国調査 54
Stakeholder Consultation Programme
CHIC によるステークホルダーとの対話プログラム 56

おわりに 58

Artist-in-Residence

CHIC による
アートと科学が交わる場

 一般市民

CHIC プロジェクトとは、欧州連合の Horizon 2020[1] により研究助成を受けた、ゲノム編集チコリの研究開発コンソーシアムです。このプロジェクトでは、アートと科学が交わる場として、アーティスト・イン・レジデンス（AIR）プログラムが実施されました。このプログラムは、ゲノム編集技術に対する多様な意見の背後に文化的要因があると考え、アートと科学の文化の違いを乗り越えるための手段として AIR を用いる取組です。AIR プログラムでは、2 組のアーティストがラボに招かれ、バイオによるデジタル・インスタレーションやドキュメンタリーフィルムの制作などが行われました。

アーティストたちは、バイオアートを通して社会の問題についてさまざまなメッセージを発信しました。また、ラボで行われる実験や研究者との交流から得られたインスピレーションをアート作品の制作の原動力としました。

科学者側も、アーティストとの交流を通じて、科学と社会のつながりについて新たな示唆を得ることを目的としています。アートと科学の概念や感性を組み合わせることで、新たな問題解決や表現方法を生み出すことができ、未来の創造につながる可能性があります。

PROJECT'S OVERVIEW

Biotechnology from the Blue Flower is a project of a new sculptural bio-digital installation that can exist across both real and virtual spaces, with a focus on the areas of the use of chicory for dietary fiber and its impact on human health and the human microbiome. The artists worked with the plants themselves: the roots, chicory flour, chicory inulin and terpenes, as well as other potential materials that might be discovered. Both artists have extensive experience in working with biological media including medicines and genetically modified materials and therefore have a good understanding of health and safety, ethical and biocontainment issues.

These sculptural, physical materials are fused with video footage from the laboratory and data visualisations derived from the research process through 3D scanning and modeling techniques to create a dramatic interactive artwork brought to life using digital technologies such as video-mapping and sensor technology.

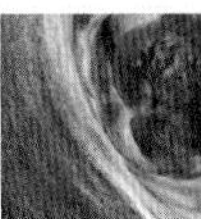
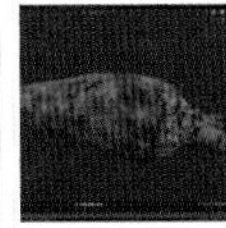

The final installation takes the form of a **3D printed sculpture of the plant**. This sculpture is based on high-resolution photogrammetry scans of the chicory plant clones that the scientists are working with. Playing with the transition between the digital and wireframe forms, the artists explore the exterior and internal morphologies of plants and roots. **The sculpture contains relics of CRISPR-modified protoplasts and leaves**, some of which the artists created themselves in the lab. The chicory genome, which is projected behind the sculpture, has been edited to remove repeating DNA sequences (which appear as the plant evolves), to reference Goethe's notion of the 'original plant'.

The 3D scanning and modelling techniques generated **an augmented reality (AR) "Blue Flower"** now available for iPhone/iPad/Android devices http://onelink.to/blueflower. The work is part of of the Art & Science Node app which is available on Google Play and the Apple App store alongside other works.

出所： CHIC Art Science Node のウェブサイトより

用語解説

1. Horizon 2020： 研究・イノベーションプロジェクトを助成する欧州連合の枠組み。

関連リンク

CHIC ASN AIR PROGRAM： https://artscience-node.com/chic-artists-in-residence/

Biotechnology From the Blue Flower： https://artscience-node.com/air-anna-dumitriu-alex-may-2/

Citizens' Jury

タスマニア大学・法と遺伝学センターによる
市民陪審

対象　一般市民

タスマニア大学にある法と遺伝学センター（CLG[1]）は、2021 年 6 月 17 日から 21 日まで、キャンベラの旧国会議事堂にあるオーストラリア民主主義博物館で、ゲノム編集技術のヒトへの応用についての市民陪審を実施しました。市民陪審は、裁判における陪審員制度を科学技術の意思決定に用いるという市民参加型手法の一つであり、市民が科学技術のリスクやベネフィットについて意見を交換し、審議します。この市民陪審では、ゲノム編集技術が人間の健康に及ぼす影響や、環境への影響、社会的・倫理的な側面などについて議論しました。

市民陪審の議論や陪審後の参加者へのインタビューから、ゲノム編集技術に対して強い期待感を抱く人や、過剰な規制が研究の妨げとなると考える人がいることが確認されました。また、ヒト胚にゲノム編集技術を用いることに対して、参加者の中には強い懸念を表明する人もいました。これにより、ゲノム編集技術に対する態度や考え方は多様であることが明らか

オーストラリア民主主義博物館

になりました。

市民陪審の最後には、ゲノム編集技術について、適切な管理と規制があれば、医療の改善に貢献できる可能性があるという、慎重ながらも楽観的なトーンの判決が下されました。

市民陪審は、CLGの研究者らによる「ゲノム編集：オーストラリア市民による審判（2020年から2022年）」という研究課題の一環として実施されたものです。

用語解説

1. 法と遺伝学センター（Centre for Law and Genetics：CLG）：CLGは、遺伝子技術の倫理的・法的・社会的課題（Ethical, Legal and Social Issues：ELSI）に関する研究を行うことを目的として、1990年に設立された。タスマニア大学法学部に拠点を置く。

関連リンク

最終報告書：https://www.utas.edu.au/__data/assets/pdf_file/0011/1634258/OP12-final-report.pdf

CRISPRcon

CRISPR 研究者らによる

ステークホルダー対話プログラム

 ステークホルダー、一般市民

CRISPR 研究者らによるプログラム CRISPRcon は、「クリスパー」と呼ばれるゲノム編集技術をテーマとしたカンフェレンス形式の対話プログラムです。このプログラムは、2020 年にノーベル化学賞を受賞したカリフォルニア大学バークレー校のジェニファー・ダウドナ教授や CRISPR の研究をリードするブロード研究所のフェン・チャン教授らが企画したものです。2017 年から 2020 年までの間に CRISPRcon は 4 回実施されました。最初の年は、カリフォルニア大学バークレー校が主催し、2018 年にはブロード研究所、2019 年にはオランダのワーゲニンゲン大学が主催しました。2021 年は、規模を縮小し、オンライン形式に変更されましたが、毎年開催されています。また、CRISPRcon に関連して、2018 年には日本でも CRISPRcon-Inspired カンフェレンス「みらいの食を支える育種フォーラム」が開催されました。

「科学研究や技術開発が重要であることは言うまでもないが、研究成果を社会で活用するためには、多様なステークホルダーの意見を尊重することが必要である」という考え方が、CRISPRcon の基調をなしています。2 日間にわたるカンフェレンスでは、ゲノム編集技術の研究者だけではなく、消費者団体、環境保護団体、患者団体、生産者、倫理や宗教の専門家など、さまざまな立場の人々が登壇し、ゲノム編集技術の未来について、意見交換が行われました。

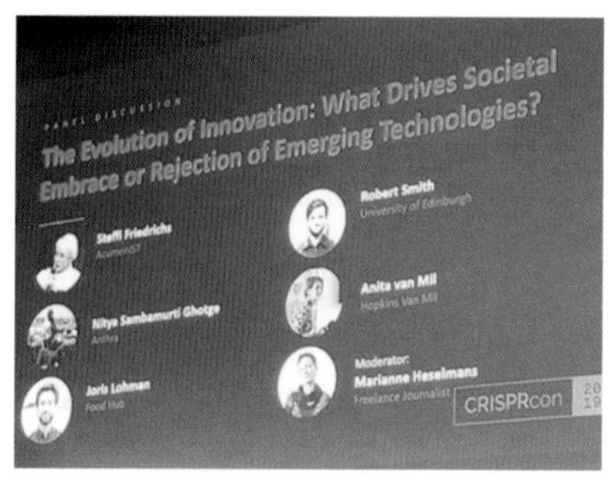

出所： 筆者撮影、2019 年

市民との信頼醸成、科学教育や

出所： 筆者撮影、2019 年

アウトリーチ活動、持続可能な農業のためのゲノム編集育種、技術評価のあり方、パブリック・エンゲージメントなど、多種多様なトピックが取り上げられます。ゲノム編集技術の利用が社会とどのように関わるのかについて、2 日間にわたりじっくりと議論を行うことで、個々の専門性や所属組織を超えた視点から意見交換が行われ、一体感を感じるようになります。これは、ゲノム編集技術の利用に関する意思決定において、共通の目標に向かって協力し、問題を解決するために必要なことです。

CRISPRcon では、基調講演やパネルディスカッションに加えて、ライトニング・プレゼンテーションやネットワーキングのイベントも同時開催されます。また、「アイデアのマーケット」や「クリスパー・テイクアウト」など、魅力的な名称のイベントもあります。これらのイベントは、参加者がゲノム編集技術と社会の未来について自分事として考えることを促すことを目的としています。

関連リンク

CRISPRcon： https://crisprcon.org/

Genome Editing Public Engagement Synergy

NCCPEによる
市民対話プラットフォーム

科学コミュニケーター、一般市民

2017年から1年間、ゲノム編集技術の医療への応用をテーマとする「ゲノム編集技術パブリック・エンゲージメント・シナジー（Genome Editing Public Engagement Synergy： GEPES)」というプログラムが国立パブリック・エンゲージメント・コーディネートセンター（NCCPE[1]）によって実施されました。GEPESは、ゲノム編集技術のパブリック・エンゲージメント（市民対話プログラム）に関心がある人や、パブリック・エンゲージメントの専門家を対象とする、知識、情報、スキルを共有するためのプラットフォームです。GEPESの活動の目的は、参加者のパブリック・エンゲージメントの実践力を高めることです。その目標を実現するために、プラットフォームを通じ知識やスキル、市民対話に用いられたツールの共有が行われました。

このプログラムを通して、以下の成果が出されました。

Ⅰ. 英国で行われたゲノム編集技術のパブリック・エンゲージメント・プログラムのリストの作成

Ⅱ. ゲノム編集技術のパブリック・エンゲージメントに関するステップバイステップ・ガイド

対話の相手について知るべきこと（宗教や年齢など）や、また対話のファシリテーターの能力をどう評価すべきか（モチベーションや価値観など）など、パブリック・エンゲージメントの実践に必要な基礎知識が紹介されています。

Ⅲ. パブリック・エンゲージメント実践のためのツール

市民対話を実践する際には、参加する市民のゲノム編集技術に関する知識や態度を把握することが重要です。そのためのツールが紹介されています。

Ⅳ. たとえ話、メタファーの使い方ガイド

一般の人にわかりやすくするために、遺伝子やゲノム、ゲノム編集技術についてのたとえ話やメタファーがまとめられています。例えば、「遺伝子は料理のレシピであるのに対し、ゲノムはレシピがたくさん入った本」といった例や、ゲノム編集を「切り貼り」と表現することも効果的だとされています。これらはイラストと一緒に紹介されています。

Ⅴ. パブリック・エンゲージメントの実践事例集

事例集には、36 件のプログラムが紹介されています。これらのプログラムは、「科学への関心・興味をはぐくむプログラム」、「市民対話プログラム」、「専門家と市民の共創プログラム」、「トークイベント・セミナー・映画」、「リソースのウェブサイト」、「オンラインコース」、「報告書」、「評価報告書」という8つの項目に分けられています。

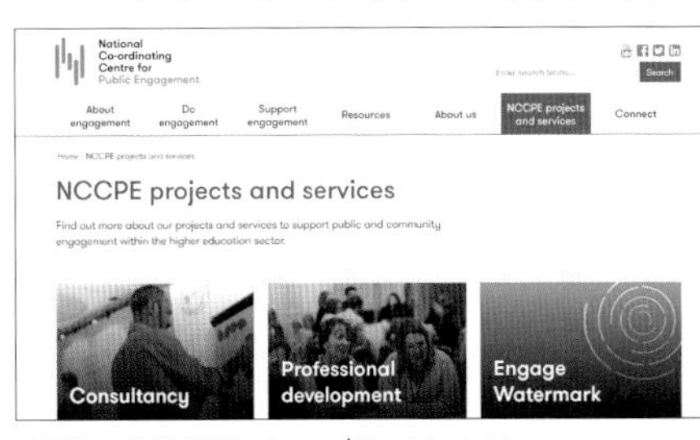

出所： NCCPE ウェブサイトより

用語解説

1. 国立パブリック・エンゲージメント・コーディネートセンター（NCCPE）： 高等教育界におけるパブリック・エンゲージメントの重要性を理解することを目的として設置されたセンター。

関連リンク

GEPES： https://www.publicengagement.ac.uk/nccpe-projects-and-services/nccpe-projects/completed-projects/genome-editing-public-engagement

Global Citizens' Assembly

キャンベラ大学による
グローバル市民議会

一般市民

グローバル市民議会は、キャンベラ大学のCentre for Deliberative Democracy and Global Governanceに所属するジョン・ドライゼック氏を含む、オーストラリア、ドイツ、フランス、英国、デンマーク、ベルギー、アメリカ、カナダ、ブラジル、南アフリカの研究者らによって組織されています。この活動は、科学技術の意思決定に市民が参加できるようにすることを目的としており、特に、急速に進化するゲノム編集が社会に大きな影響を与える可能性があることを認識し、グローバルな視点からゲノム編集技術に関連する社会的課題を検討しています。

グローバル市民議会は、少なくとも100名の多様な背景を持つ人々をさまざまな国や地域から集め、ゲノム編集技術が社会のためにどのように利用されるべきかについての原則を策定する必要があると述べています。

この活動では、グローバル市民議会の知名度を高めるために、ドキュメンタリー映画が重要な役割を果たしています。そのため、ジーンプール・プロダクションズという映画制作会社がこの活動に深く関わっています。ジーンプール・プロダクションズは、科学ドキュメンタリーのプロデューサーとして知られており、エミー賞や権威ある科学ジャーナリズム賞であるユリイカ賞を受賞しています。さらに、ジーンプール・プロダクションズは、グローバル市民議会の活動を支援するために、CRISPRをテーマとした3部構成のドキュメンタリーを制作しています。

グローバル市民議会の詳細は、2020年9月18日のScience誌に掲載されています。

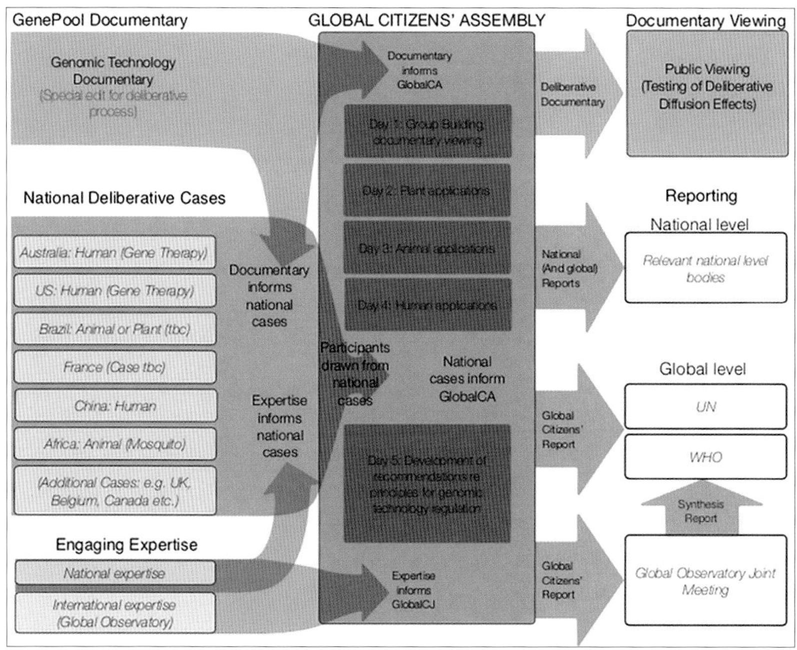

出所： グローバル市民会議のウェブサイトより

グローバル市民議会： https://www.globalca.org/

Hands-on DNA

ASDCによる
分子生物実験体験プログラム

生徒

Association for Science and Discovery Centres（ASDC）は、サイエンス・センター、ディスカバリー・センター、科学博物館など、英国にある60以上の科学教育団体や組織で構成されたネットワークです。このセンターは、科学を身近にすることを目的としており、一般市民が科学体験プログラムや教育プログラムなどの科学的活動に参加することを支援しています。

ASDCの活動の一環として、英国のサイエンス・センター、科学博物館、大学が参加する国家プロジェクト「Hands-on DNA（DNA実験の体験プログラム）」が2011年と2012年に行われました。Hands-on DNAは、14歳から18歳の生徒が対象の分子生物の実験の体験プログラムです。参加者は、細菌の進化のしくみや抗生物質耐性の細菌がどのように増殖するのかについて学び、また、参加者自身のDNAの抽出やPCR、電気泳動などを用いた味覚に関わる遺伝子の調査などを体験しました。

参加した生徒1,514名と教員147名にプログラムの評価を求めたところ、約95％の生徒が科学への関心や理解の高まったとコメントしました。また、生徒たちの科学学習へのモチベーションの向上や科学分野への専攻を検討する生徒の増加、そして学習意欲の高まりについても報告されました。

ASDCは、分子生物学だけではなく、天体を学ぶワークショップや家族で食べ物について話し合うプログラムなど、さまざまな体験を通じて科学への関心を喚起し、理解を深める活動を行っています。これらの活動は、市民が科学を身近に感じることができるような場づくりを目指しています。

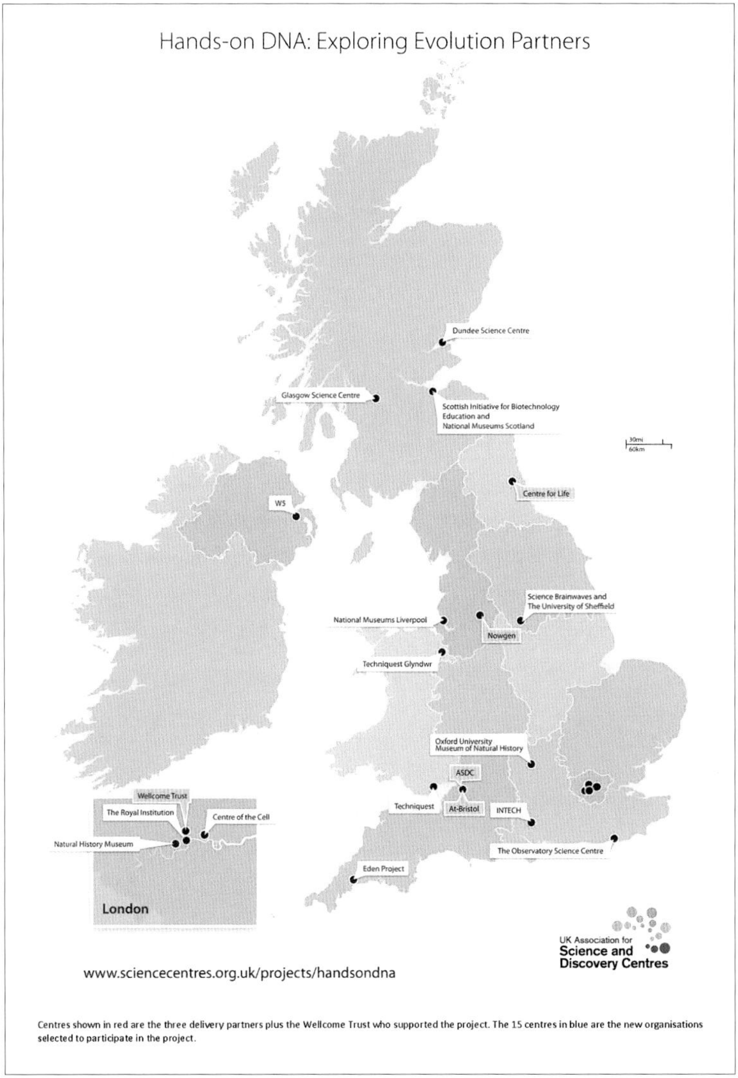

Hands-on DNA: Exploring Evolution Partners

Dundee Science Centre
Glasgow Science Centre
Scottish Initiative for Biotechnology Education and National Museums Scotland
Centre for Life
W5
Science Brainwaves and The University of Sheffield
National Museums Liverpool
Nowgen
Techniquest Glyndwr
Oxford University Museum of Natural History
ASDC
Techniquest
At-Bristol
INTECH
The Observatory Science Centre
Eden Project
Wellcome Trust
The Royal Institution
Centre of the Cell
Natural History Museum
London

UK Association for Science and Discovery Centres

www.sciencecentres.org.uk/projects/handsondna

Centres shown in red are the three delivery partners plus the Wellcome Trust who supported the project. The 15 centres in blue are the new organisations selected to participate in the project.

出所： ASDC のウェブサイトより

UK Association for Science and Discovery Centres (ASDC)： https://www.sciencecentres.org.uk/

Hands-on DNA： https://www.sciencecentres.org.uk/projects/hands-dna/

Meet the Gene Machine

西イングランド大学ブリストル校による 生命倫理の教材

 教員、生徒

2006年から2年間、西イングランド大学ブリストル校（University of the West of England Bristol）で、遺伝医学の倫理をテーマにしたコミュニケーション活動として「Meet the Gene Machine（MGM）」という演劇が行われました。この活動は、全英の8つのサイエンス・センターが共同で運営し、延べ12,000名の生徒と教員が参加しました。

演劇は、科学のもつ倫理的・社会的側面について、一般の人びとや特に若者に興味を持ってもらうための効果的な手段です。活動後のアンケート調査では、「演劇の準備は大変だったが、とても刺激的な経験だった」といったコメントや、「新しい発見があった」という意見が寄せられました。

MGMの活動では、科学を専門とする教員だけでなく、あらゆる分野の教員が演劇を授業に取り入れやすくなるよう、さまざまな教材が提供されています。演劇の脚本からロールプレイのシナリオ、講義のスライドまで、ダウンロード可能な教材が、MGMとNational STEM Learning Centreの研究リポジトリから提供されています（関連リンク参照）。また、これらの教材を効果的に活用するためのスキルを向上させるワークショップも開催されています。

この活動は、遺伝医学の倫理に関する知識だけでなく、問題の本質を理解し、考える力を育むことを目指しています。

Basic Genetics & Background on Genetic Testing

Meet the Gene Machine

出所： MGM リソースより

関連リンク

MGM： https://www.uwe.ac.uk/research/centres-and-groups/scu/projects/meet-the-gene-machine

National STEM Learning Centre（教材ダウンロード先）： https://www.stem.org.uk/resources/elibrary/resource/27213/meet-gene-machine

More Milk Zuri?!

熱帯畜産遺伝学衛生センターによる
遺伝学に関する教材

 生徒

「More Milk Zuri?!」は、8 歳から 14 歳の子供たちが、遺伝学の社会的な貢献について学ぶための教材です。この教材は、熱帯畜産遺伝学衛生センター（Centre for Tropical Livestock Genetics and Health：CTLGH）とエディンバラ大学のロスリン研究所、そして同大学の Easter Bush Science Outreach Centre（EBSOC）の科学教育の専門家によって共同開発されました。

「More Milk Zuri?!」は、牛の遺伝学的改良が貧困層の生計向上にどのように貢献できるのかについて、楽しく学べるゲームです。東アフリカを舞台にした物語で、プレイヤーはアフリカの牛である Zuri を育て、村の子供たちに十分な量のミルクを提供することを目指します。Zuri とは、「美しい」、「立派な」という意味のスワヒリ語です。ゲームでは、在来種の雌牛を外来種の雄牛と交配することにより牛の乳量を増やすことができる可能性や、在来種の家畜が厳しい生活環境でも繁殖できることなどが紹介されます。

このゲームでは、牛の子孫の特性を評価するためのカード、子孫の特性に影響を及ぼす雄牛のカード、そしてワイルドカードを含んだ

出所： 教材の例、CTLGH のウェブサイトより

環境要因のカードが準備されています。プレイヤーはルーレットを回し、出た絵に応じて雄牛のカードか環境カードを引きます。引いたカードに書かれた指示に従い、子孫の特性を評価するカードに印をつけ、自分が改良した牛の子孫の特性を確認するという教材です。

このゲームは、細胞や遺伝学に関連する学校のカリキュラムと連動させることができるだけでなく、牛のブリーディングについての科学的なリテラシーを向上させることにも役立ちます。

「More Milk Zuri?!」には、ゲームのツールに加えて、生徒用のワークシート、先生の指導要領、授業用スライド、そしてコミックスが含まれています。これらの教材は、全てEBSOCのウェブサイトからダウンロードすることができます。コミックスは、東アフリカの公用語であるスワヒリ語にも翻訳されており、ケニア、タンザニア、ウガンダの学校で活用されることが期待されています。ゲームや教材のコンテンツは、科学的に正確であるだけではなく、東アフリカ社会の文化を反映しています。これにより、生徒たちは科学を学ぶだけでなく、自分たちの文化や環境に関連したテーマにも触れることができます。

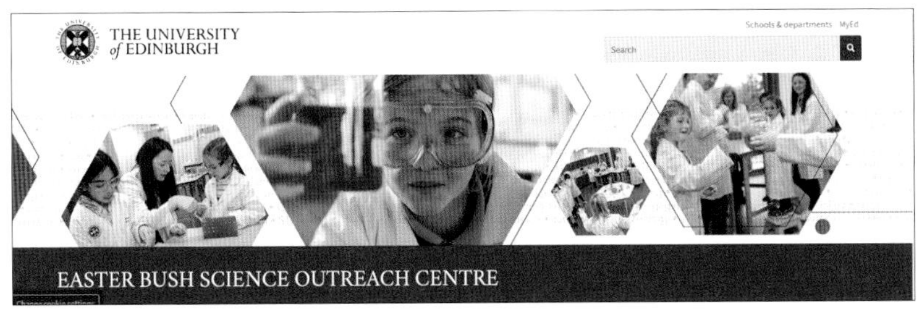

出所： EBSOCのウェブサイトより

関連リンク

CTLGH： https://www.ctlgh.org/learning-through-play-how-genetics-can-help-african-livestock/

教材ダウンロード先： https://www.ed.ac.uk/easter-bush-campus/science-outreach-centre/teacher-zone/home-classroom-educational-resources/transition-primary-resources-biology-stem/more-milk-zuri

Storytelling

サイエンス・ストーリーズ・アフリカによる ストーリーテリング

 一般市民

Science Stories Africaは、科学に関心を持つ一般市民を対象にしたコミュニケーション・プラットフォームであり、ストーリーテリングという手法を用いて科学に関する知識や情報を伝えることを目的としています。このプラットフォームでは、科学者たちがストーリーテリングにより、最新の科学についての情報を提供することを目指しています。さらに、Science Stories Africaは、プラットフォームの活動に若いアーティストが参加する機会を提供し、芸術的な活動も支援しています。これにより、科学と芸術を組み合わせることで、科学的な知識や情報を視覚的に魅力的に伝える取り組みが行われています。Science Stories Africaの目標は、科学的知識や情報を分かりやすく説明し、アフリカ全体で科学に対する関心を高めることです。

科学研究の成果を一般の人に伝えることは簡単なことではありませんが、この活動に参加した科学者たちは、自分たちの研究成果を物語として伝えるスキルをトレーニングをしています。また、アーティストによるライブパフォーマンスを組み合わせ、劇場で自分たちの研究を紹介する活動も行われています。これらの活動は、YouTubeなどのオンラインプラットフォームを通じて誰でも視聴することができます（関連リンク参照）。このような取り組みにより、一般の人々に科学研究の成果を届けることができ、科学に対する理解と興味を醸成することができます。

2021年、国際熱帯農業研究所（The International Institute of Tropical Agriculture）ケニア支部の植物バイオテクノロジーの主任研究員であるトリパティ氏は、CRISPR/Cas9を用いて耐病性バナナを開発したストーリーを、「アフリカのためのゲノム編集プラットフォーム（A Genome Editing Platform for Africa）」に公開しました。

ストーリーは、トリパティ氏が同僚を送迎中に目撃した、枯れたバナナ

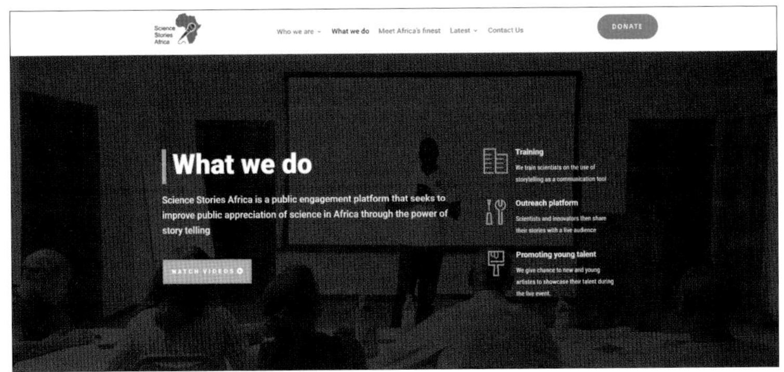

出所： Science Stories Africa のウェブサイトより

農園での悲しい体験から始まります。バクテリアの感染によりバナナが腐り、生産者が生活に困窮し、涙を流していました。そこで彼女は、この問題を解決したいと感じ、ピーマンの耐性遺伝子をバナナに導入して耐病性バナナを作出しました。しかし、遺伝子組換え作物の規制により販売は認められていません。そこで CRISPR/Cas9 を用いた耐病性バナナの開発に力を入れ始めました。

当時アフリカで CRISPR/Cas9 を用いた作物の開発例はありませんでしたが、実験施設やバナナの遺伝子情報、実験プロトコルなど研究開発に必要なものはすべて揃っていたことから、2019 年に世界で初めての耐病性バナナの開発に成功しました。

彼女のストーリーは、「2004 年に枯れたバナナ農園で出会った生産者が、私の開発した耐病性バナナを育て、それを食べ、生計が立てられるようになったとき、初めて私の目標が達成できたと言えるのです。」というメッセージで終わります。これらの取り組みにより、科学者たちは科学研究の成果を一般の人々に伝える方法を探求し、科学に対する理解と興味を広めることができます。また、一般の人々にとっても科学が身近で魅力的なものとなり、科学への関心を深めるきっかけとなります。

関連リンク

Science Stories Africa： https://sciencestoriesafrica.com/
YouTube "A Genome Editing Platform for Africa"： https://www.youtube.com/watch?v=dltiR3Rsftw

Scientific Scissors

英国生化学会による
体験プログラム

一般市民

英国生化学会（Biochemical Society[1]）は、科学の体験プログラム「Scientific Scissors（科学のはさみ）」を実施しました。このプログラムは、一般の人にゲノム編集技術について関心を持ってもらうために、「遺伝子ジェンガ（**写真1**）」（Genetic Jenga）という、よく知られたパーティーゲームのジェンガを参考にしたアクティビティーを用いています。参加者は、実験用トングを使って、遺伝子DNAコードが書かれたブロックをはさんで操作します。特にCRISPR/Cas9という遺伝子編集技術に焦点を当てており、参加者ははさみ遺伝子（Cas9）で抜き取ったり、別のブロックを挿入したりすることで[2]、CRISPR/Cas9がどのように機能するかを体験することができます。

写真1：遺伝子ジェンガ
出所：Scientific Scissorsのウェブサイトより

また、体験プログラム会場では、ゲノム編集技術の倫理について気づきを得る場として「倫理カードゲーム（Ethical Card Game）」というゲームも展示されています。

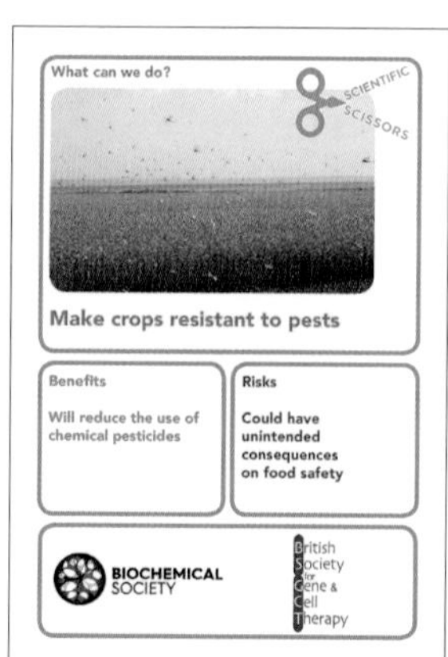

出所：Scientific Scissorsのウェブサイトより

このゲームのツールは、ゲノム編集技術を用いて可能となることが書かれている43枚の

写真 2： 遺伝子カードゲーム
出所： Scientific Scissors のウェブサイトより

カードと洗濯ひも、洗濯バサミの 3 つです。

参加者は、以下の手順でゲームを行います。

① 43 枚のカードから関心を持ったカードを選び、それを洗濯ひもに吊り下げる。

② カードを読み、賛成の場合はカードを洗濯ひもの右側に、反対の場合は、左側に吊るす。

このようなゲームを通じて、研究者と市民の間のコミュニケーションのきっかけが生まれ、さらにカードに書かれていることが共通の話題となり、議論が深まることが期待されます。これらの取り組みによって、研究者、参加者、そしてツールの制作者が協力し合い、より良いゲノム編集技術の開発を目指しています。

用語解説

1. 英国生化学会は、分子生物学の研究者からなる学会組織。
2. 実際には、Cas9 は切断を行うだけであり、遺伝子を持って抜き取るまた遺伝子の挿入は別の仕組みにより行なわれる。

関連リンク

Scientific Scissors： https://www.biochemistry.org/about-us/resources-and-videos/resources/scientific-scissors/

Africa Biennial Bioscience Communication Symposium
ABBCによる シンポジウム

 ステークホルダー

Africa Biennial Bioscience Communication シンポジウム（ABBC）は、バイオサイエンスに関するコミュニケーション活動の質を高めるためのプラットフォームづくりを目指す取り組みの一つです。このシンポジウムは、2015年から隔年で開催され、2021年までに計4回のシンポジウムが開催されました。

第1回会議（ABBC 2015ケニア）と第2回会議（ABBC 2017ウガンダ）では、バイオテクノロジーやバイオセーフティーに関するコミュニケーションがテーマとして取り上げられました。第3回会議（ABBC 2019アフリカ）では、ゲノム編集作物に関する対話のアプローチが主題となりました。

第4回会議（ABBC 2021オンライン）には、政府関係者に加え、サイエンス・コミュニケーター、科学者、メディア関係者、生産者、消費者など、多様なステークホルダーが参加しました。この会議に先立って、ナイジェリア、マラウィ、エチオピア、ケニア、ウガンダ、ガーナ6か国において、国内で対面形式の会議が開催され、その後、オンライン形式でこれらの6か国と他の参加国を結ぶ全体会が行われました。

ABBC 2021では、アフリカ地域における農業バイオテクノロジーの規制上の取扱い方やバイオセーフティーに関する情報が提供されました。また農業バイオテクノロジーの研究成果の社会実装の戦略も議論されました。2021年の会議でこのような具体的な内容のテーマが取り上げられた背景には、アフリカ地域においてバイオ作物の利用を承認している国の数が近年増加したということがあげられます。2018年には、わずか3か国がバイオ作物の利用を承認していましたが、2020年には7か国がバイオ作物の利用を承認し、アフリカにおけるバイオテクノロジーのプレゼンスが増大してます。

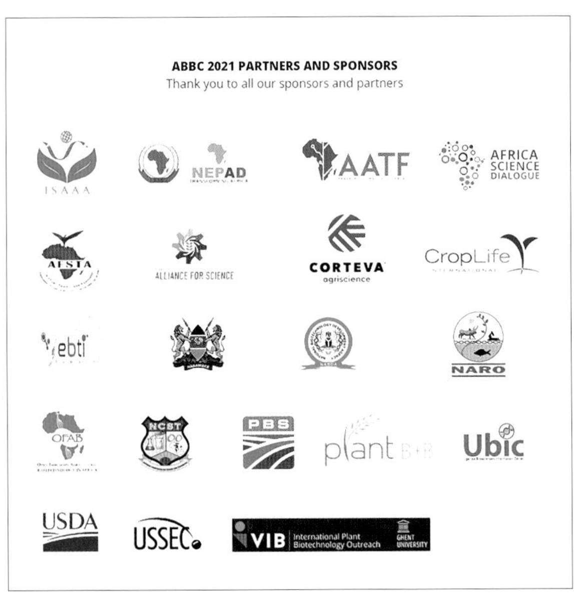

出所： ABBC 2019のパートナー、ウェブサイトより

ABBC 2021では、バイオテクノロジーから生まれた作物についてメディアによるライブインタビューやコミュニケーションのベストプラクティスも紹介されました。シンポジウムの模様はYouTubeを通じてライブ配信され、世界中の人々が参加することができました。

さらに、ABBC 2021では、ABBC 2019で提言された「ゲノム編集のコミュニケーションに関するアフリカ連合（African Coalition on Communication about Genome Editing)」が発足しました。この連合は、アフリカにおいてゲノム編集技術に関する情報や知識を共有し、コミュニケーションの強化を図るためのプラットフォームです。また、科学者のコミュニケーション力の向上も目指すために、新しいコミュニケーションの手法やベストプラクティスを学ぶ機会も提供されます。これにより、バイオテクノロジーに関する情報を分かりやすく伝えることが目指されています。

関連リンク

ABBCシンポジウム： https://abbcsymposium.org/

Allbiotech Summit

Allbiotech による サミット

 ステークホルダー、一般市民

Allbiotech は、ラテンアメリカ地域のバイオテクノロジーとバイオエコノミーの推進を目的とする非営利団体です。20 か国の次世代の若いリーダーを中心に約 230 名のメンバーで構成されています。

Allbiotech は 2017 年、2018 年、2021 年にバイオテクノロジーをテーマとするサミットを開催しました。サミットでは、バイオテクノロジーと健康・気候変動・食の問題、バイオエンタープライズ、科学教育やサイエンス・コミュニケーション、多様性とジェンダーなど、さまざまなトピックが取り上げられました。

2021 年のサミットは、アルゼンチンのロサリオで開催されました。このサミットでは、バイオテクノロジー分野で仕事をする若手リーダーや地域のステークホルダーが集まり、バイオエコノミーの推進に関する課題について議論しました。また、解決策やイニシアチブの策定も行われました。

Allbiotech は、2021 年のサミット以外にも、「First Latin American Forum on Bioeconomy(FOLABI 19)」というバイオエコノミー推進のための戦略を議論するためのフォーラムも開催しました。FOLABI 19 には、16 か国から 200 人以上の参加者が集まり、各国のバイオエコノミー戦略についての事例報告が行われました。Allbiotech は、若いリーダーが主導し、バイオテクノロジーの発展と持続可能な未来の実現に向けて活動するという点で、非常にユニークな団体です。彼らの主催するサミットやフォーラムは、バイオテクノロジーに関心を持つ人々が集まり、意見交換や情報共有が行われる貴重な場となっています。特に若い世代の参加者が自らのアイデアやプロジェクトを発信し、持続可能なバイオエコノミーの構築に貢献している点は注目に値します。彼らの活動は、バイオテクノロジー分野のイノベーションやコミュニケーションの促進に寄与し、未来の持続可能な社会の実現に向けて重要な役割を果たしています。

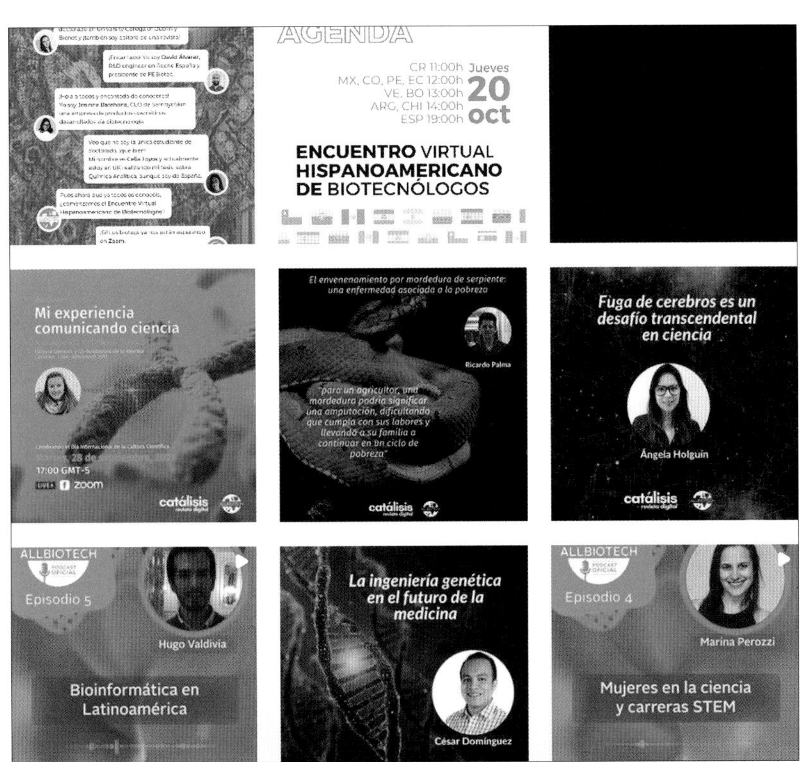

出所： Allbiotech　Facebook より

関連リンク

ALLBIOTECH： https://www.allbiotech.org/en/iii-summit-2021/

2021 年サミットのプログラム（スペイン語）： https://www.allbiotech.org/wp-content/uploads/2021/04/Programa-Cumbre-2021-ALLBIOTECH.pdf

Alliance for Science, Cornell University

コーネル・アライアンス・フォー・サイエンスによる

コミュニケーション活動

 一般市民

コーネル大学附属の独立非営利研究機関、ボイス・トンプソン研究所を拠点とするコーネル・アライアンス・フォー・サイエンス（Alliance for Science, Cornell University）は、農業による環境影響や地球温暖化による農業への影響、また食料安全保障や栄養不足などの社会的課題を解決するために農業イノベーションを活用するという考え方を共有する国際的な研究者ネットワークです。アライアンスは、グローバルなネットワークを活用し、アフリカやその他の途上国地域におけるコミュニケーション活動に幅広く関わっています。アライアンスの活動について、BOX 1で紹介します。

BOX 1. アライアンスの活動

1. グローバルネットワークの構築
   アライアンスのネットワークに参加するメンバーは、農業バイオテクノロジーを活用して飢餓問題の解決を目指し、そのためのグローバルネットワークをつくる。

2. 科学的エビデンスに基づくトレーニング
   新興国の研究者に科学的なエビデンスを提供し、それを基にした政策対話のスキルをトレーニングする。これにより、科学情報を正確に伝え、政策決定や社会的課題の解決に向けた意思決定を支援できる力を醸成する。

3. マルチメディア・コミュニケーション
   写真、ビデオ、ブログ記事、ポッドキャスト、ファクトシート、その他のマルチメディアリソースを活用して、農業バイオテクノロジー、気候変動問題、ワクチン問題などについて科学的に正確な情報を提供する。

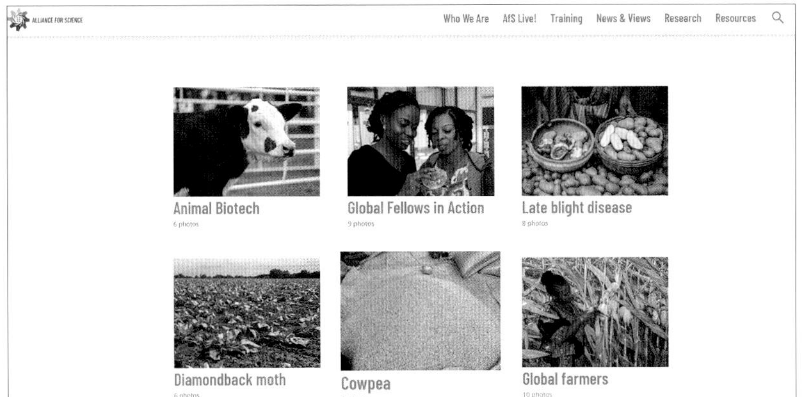

出所： アライアンス・フォー・サイエンス、ウェブサイトより

アライアンスは、農業領域の先端バイオテクノロジーに関する正しい情報を提供し、一般市民の理解を促進することに注力しています。そのために、マルチメディアを活用して情報発信を行っています。例えば、ウェブサイトには、害虫によって被害を受けた野菜や果物の写真、乾燥耐性・害虫抵抗性を持つ品種の写真も掲載されています。また、このウェブサイトでは、これらの品種を栽培する生産者の写真なども多数掲載され、バイオテクノロジーが実際に農業現場での問題解決に役立っていることをわかりやすく伝えています。これらの情報はすべて無料で提供されています。

また、『(ゲノム編集技術についての）よくある質問集』や『GMO神話を払拭する』、『アフリカにおけるGMOに関する10のポイント』といった小冊子もウェブサイトからダウンロードできます。これらの資料は、バイオテクノロジーに関する情報を分かりやすく提供することを目的としています。

関連リンク

アライアンス・フォー・サイエンス： https://allianceforscience.cornell.edu/
マルチメディア： https://allianceforscience.org/media

Biotech Game

マードック大学による
ロールプレイ

生産者、食品加工業者、輸出事業者などのステークホルダー

マードック大学の研究者らが、実践的なトレーニング・プログラムである『バイオテック・ゲーム』（Biotech Game）というロールプレイを開発しました。このプログラムは、オーストラリア農業・水資源省（Department of Agriculture, Water and the Environment）の委託研究費により開発され、2019年にはオーストラリア大学院協会協議会（The Council of Australian Postgraduate Associations： CAPA）の「Education Initiative of the Year」を受賞しました。

このゲームが開発された背景には、オーストラリア政府がゲノム編集作物の社会実装に力を入れていることや、近い将来、ゲノム編集作物を輸出することを検討していることが挙げられます。これにより、ステークホルダーの「科学外交力」（Science Diplomacy）を強化する必要があるとい

出所： Biotech Game ウェブサイトより

う問題意識が浮上しています。先端的なバイオテクノロジーのバリューチェーンを国内外でどのように形成するかは、国のイノベーション戦略および国際ビジネス上の重要な課題であり、国際的なルールの理解が不可欠です。そのため、ステークホルダーは、ロールプレイを通じてゲノム編集技術の社会実装のプロセスや、その過程で生じる課題について学ぶことができます。

バイオテック・ゲームは、オーストラリア国内だけでなく、国際アグリバイオ事業団（ISAAA）やアジア太平洋農業研究機関協議会（APAARI）などの国際農業研究ネットワークが、ゲノム編集作物の社会実装や利用に関与するステークホルダーを対象としたキャパシティービルディングのために利用しています。今後も、さまざまな団体によってこのゲームが活用される見込みです。

関連リンク

https://announcements.murdoch.edu.au/dubai/id/9980

Canterbury 2020

ニュージーランド農業園芸研究所による フォーラム

一般市民

2020年10月、ニュージーランド農業園芸研究所（New Zealand Institute of Agricultural & Horticultural Science： NZIAHS）は、「ゲノム編集フォーラム カンタベリー2020」というイベントを開催しました。このイベントは、ニュージーランド王立協会の専門家パネルが「ゲノム編集について十分な情報に基づいた幅広い議論と討論が緊急に必要であること」とコメントしたことを受けて、開催されたものです。イベントの目的は、ゲノム編集技術に関する最新の情報や研究成果を共有し、ニュージーランドの農業および園芸産業におけるゲノム編集の可能性や課題について議論することです。

「ゲノム編集フォーラムカンタベリー2020」の基調講演は、ニュージーランド王立協会の専門家パネルメンバーであるデビット・ペンマン氏によって行われました。彼は、ニュージーランド王立協会のパネルの役割や考え方、そしてパネルを通して学んだことについて話題を提供しました。また、マオリ族（ニュージーランド先住民族）との関わりを通じて学んだことについても触れました。これは、ニュージーランドにおけるゲノム編集技術の研究や応用が、マオリ族の文化や価値観を尊重するという考え方で進められているということを表しています。また、ゲノム編集技術を植物、動物、および昆虫に応用することの意義についても報告されました。これにより、農業や園芸産業におけるゲノム編集の可能性や利益、また適切なガバナンスのあり方について具体的な事例をもとに議論されました。フォーラムの最後には、社会全体で複雑な課題に向き合うことや、新しい技術を社会にとって好ましい形で活用するためには、一人ひとりの能力を高める必要性について意識の共有が行われました。

ニュージーランド王立協会は、ニュージーランド社会全体でゲノム編集技術について議論できる環境を整えるために、ニュージーランドにおける

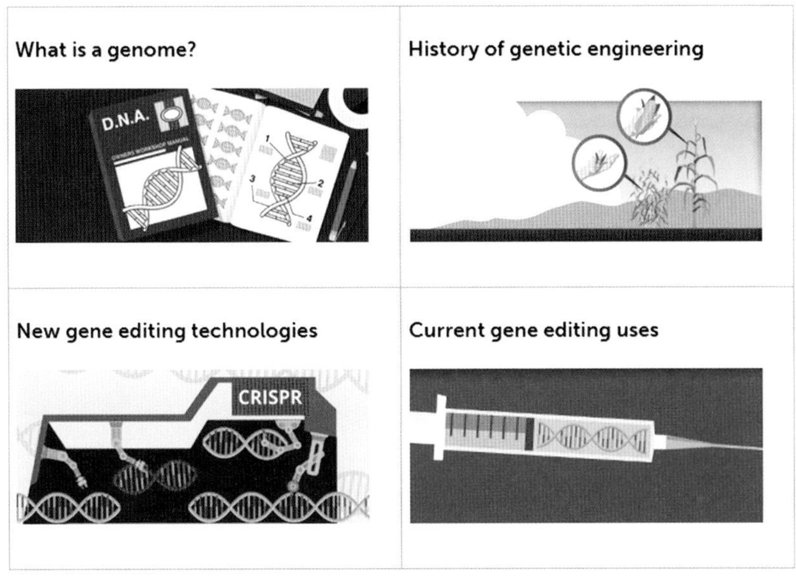

出所： ニュージーランド王立協会ウェブサイトより

ゲノム編集の社会的・文化的・法的および経済的影響を探るポータルサイトを立ち上げています。このポータルサイトは、ゲノム編集技術に関する情報を提供し、さまざまなステークホルダーが議論をするための素材を提供することで、社会的な理解をや情報共有を促進し、ゲノム編集技術に対する社会的な意識を高めることを目的としています。ニュージーランド王立協会は、科学的な情報の提供や議論の場づくりを通じて、ニュージーランド社会がゲノム編集技術の持つ潜在的な利益とリスクを適切に評価する力を持てるようになることを目指しています。

関連リンク

Gene Editing Forum - Canterbury 2020： https://nzppi.co.nz/Gene-Editing-Forum---Canterbury-2020/19791-d3032d70-a33d-4005-b8f7-4609c0aa8342-s119794/

ニュージーランド王立協会： https://www.royalsociety.org.nz/major-issues-and-projects/gene-editing-in-aotearoa/

Diverse Perspectives for a CRISPR Future

IGIによるロールプレイ教材

教員

カリフォルニア大学バークレー校とカリフォルニア大学サンフランシスコ校の研究者が所属するInnovative Genomics Institute（IGI[1]）は、「Diverse Perspectives for a CRISPR Future」を開発しました。これは、CRISPRの未来についての多様な視点を取り入れたもので、高校生向けのCRISPRのロールプレイ教材です。IGIのウェブサイトでは、米国学術研究会議による次世代科学スタンダード（Nex Generation Science Standards： NGSS）の要件を満たすレッスンプラン、教材、宿題、指導展開例なども公開されており、誰でもダウンロードできるようになっています。

この教材の目的は、異なる立場からゲノム編集技術を体験し、ゲノム編集技術の捉え方の多様性を理解することにあります。

IGIのウェブサイトには、ゲノム編集技術だけでなく、他の技術についてもいくつかの事例が紹介されていますが、ここではCRISPRで編集したオレンジをテーマとするロールプレイを紹介します。

CRISPR-Edited Crops

Florida's Citrus Economy

The Florida orange is a staple of an American breakfast. Whether in a fruit salad or poured into a cup, Florida oranges are iconic and delicious. The Sunshine State produces 70% of the annual U.S. production of citrus (oranges, grapefruits, etc.) and 95% of commericial orange production in the state is mostly used for producing 40% of the world's orange juice supply.[1]

The citrus industry, directly and indirectly, generates approximately 45,000 full time and part time jobs. The total impact of citrus in Florida's economy is roughly $8.6 billion a year.[2]

Oranges Under Attack

The **Asian citrus psyllid** is not native to Florida, but this small insect has slowly spread across the US in recent years, infecting citrus trees with a bacteria that causes a serious plant disease called **Huanglongbing (HLB)**, also known as **citrus greening disease**. Trees with HLB decline over a few years, displaying yellow leaves and misshapen fruits, falling production, and finally succumbing to the disease.

In the past decade in the US, HLB has led to a 72% decline in the production of oranges used for juice and other products. More than $4.6 billion and over 30,000 jobs have been lost in the Florida because of HLB, and the statistics keep rising.[3]

A Genetic Remedy

In addition to other countermeasures, scientists hope to use **CRISPR genome editing** as a way to halt the spread of HBL. Researchers are fervently working to understand the genetics of HLB infection and identify genes that make the citrus plants vulnerable or resistant. Using CRISPR genome editing, scientists plan to engineer orange trees that are resistant to HBL, thus preserving the iconic fruit and local economy.

Assignment

A new proposal has reached the Governor's desk. This latest piece of legislation would prohibit the growth of **genome-edited** crops in Florida, which would include the use of CRISPR genome editing. The Governor must hear from a range of different voices and take into account all relevant concerns before coming to a final decision. If the Governor does not feel that complete approval or ban of edited-crops is justified then the Governor may alter the bill accordingly.

[1] Florida's Economy: The 6 Industries Driving GDP Growth, https://www.investopedia.com
[2] Citrus Statistics, Florida Citrus Mutual, http://flcitrusmutual.com/citrus-101/citrusstatistics.aspx
[3] Citrus greening is killing the world's orange trees. Scientists are racing to help, C&EN, https://cen.acs.org/biological-chemistry/biochemistry/Citrus-greening-killing-worlds-orange/97/i23

出所： ゲノム編集オレンジのシナリオ、IGIのウェブサイトより

設定

フロリダ州のオレンジはアメリカの柑橘類の生産量の70%を占めている。カンキツグリーニング病による被害が甚大であるため、研究者たちはCRISPRを用いて、病気に耐性を持つオレンジを開発する計画を立てた。しかし、フロリダ州の州知事のもとにはゲノム編集作物の栽培を禁止する新しい法案が提出されている。州知事は最終的な決定をする前にステークホルダーの意見を聞くことを決め、法案の取扱いについて検討することとした。

ステークホルダー

このロールプレイのステークホルダーには、知事、オレンジの生産者、ファーマーズ・マーケットの買い物客、大型スーパーの経営者、環境保護団体の代表者が含まれている。

それぞれのステークホルダーには、役割や立場に基づいた資料が事前に配布され、ロールプレイが進行する。

IGIのウェブサイトで公開されている教材には、カンキツグリーニング病やゲノム編集オレンジの研究開発に関するニュース記事やニュース番組のウェブサイトも含まれ、事前に生徒に配布することもできるようになっています。

これにより、実際に報道された情報を取り入れ、ロールプレイを通じて社会の現実を体験することができます。この演習を通じて、ゲノム編集技術に関わる倫理、法律、経済、社会的な課題について考えることができます。

用語解説

1. IGIは、2014年にカリフォルニア州立大学バークレー校の教授ジェニファー・ダウドナ氏によって設立された。

関連リンク

Diverse Perspectives for a CRISPR Future： https://innovativegenomics.org/diverse-perspectives-activity/

シナリオ： https://innovativegenomics.org/wp-content/uploads/2019/09/Diverse-Perspectives-Activity.pdf

100 Voices on the Future of Genomics

ICRISATによる ビデオメッセージ

 社会全般

国際半乾燥熱帯作物研究所（International Crops Research Institute for the Semi-Arid Tropics： ICRISAT）は、国際農業研究協議グループ（Consultative Group on International Agricultural Research：CGIAR）の傘下にある研究機関であり、2014年に、「ゲノミクスの未来のための100の声」（100 Voices on the Future of Genomics）というタイトルのビデオメッセージを配信しました。このビデオメッセージでは、100人の研究者が以下の4つの質問に答えています。

- ゲノミクス[1]が育種の主流になるのか、それとも育種家がゲノミクスを一つのツールとして用いることになるのか。
- 今後、先端的な研究に研究費を出すべきか、それとも既存のツールの研究に予算を割り当てるべきか。
- もし100ドル使えるとすれば、そのお金をゲノミクスの研究に使うか慣行育種[2]の研究に使うか。なぜそう考えるのか。
- ゲノミクスの研究成果が出るまでには、あと何年かかるのか。5年以内、5年から10年、10年以上。

また、このウェブサイトでは、途上国の農業に関連する重要なテーマとして、「アフリカの若者によるアグリビジネス」、「種子供給システム」、「官民パートナーシップ」、「若者と農業」、「女性と農業」などが取り上げられており、それぞれの分野の専門家が情報を発信しています。また、ICRISATで行われている研究について分かりやすく解説するためのインフォグラフィックスも提供されており、例えば、アフラトキシンに耐性を持つピーナッツの品種改良について解説したものがあります。

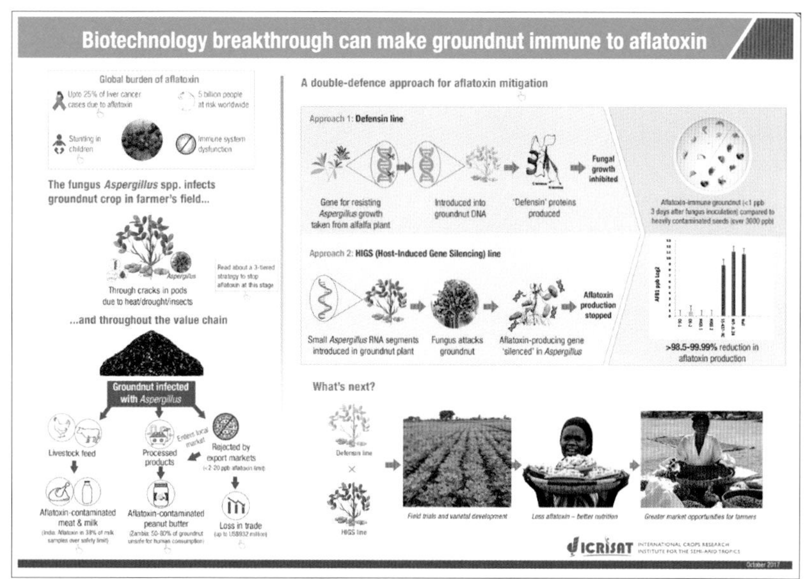

出所： ICRISAT のウェブサイトより

用語解説

1. ゲノムとは、生物が持つ DNA に書き込まれた全ての遺伝情報を指す。ゲノミクスとは、ゲノムや遺伝子の研究を指す。
2. 「慣行育種」とは、自然に起こる突然変異から新しい作物を得たり、交配などを行って品種改良することを指す。

関連リンク

100 Voices： https://www.icrisat.org/100-voices/#agribusiness
Communication Materials： https://www.icrisat.org/communication-material/

Todo lo que querías saber sobre EDICIÓN GÉNICA y no te animabas a preguntar

アルゼンチン政府による
シンポジウム
「ゲノム編集技術について知りたかったこと、でもあえて聞かなかったこと」

 一般市民

2018 年、アルゼンチン政府と科学技術イノベーション省、保健省、農牧水産省、国立科学技術研究評議会、国立農業技術研究所が共同で、一般市民のゲノム編集技術に関心を高めることを目的とした初の一般向け公開シンポジウム「ゲノム編集技術について知りたかったこと、でもあえて聞かなかったこと」（Todo lo que querías saber sobre EDICIÓN GÉNICA y no te animabas a preguntar）というイベントを開催しました。ヘルスリサーチ、農業、フードテクノロジーの領域における CRISPR を研究する研究者と国の担当者 9 名が講演し、452 名の参加者が集まりました。

シンポジウムは Twitter や YouTube を含む関連リンクで（スペイン語）ライブ配信され、科学技術省の Twitter のインプレッション数は 4 万回を超え、社会的な関心を集めました。

国立農業技術研究所の農業バイオテクノロジーの責任者からは、ゲノム編集技術を用いたジャガイモの改変についての話題提供があり、その後、会場の参加者を巻き込みゲノム編集ジャガイモの輸出可能性や経済的利益について議論が行われました。ジャガイモはアルゼンチンの主要な農産物の一つであり、ゲノム編集技術を用いることで品質の向上、病害虫への耐性の強化などが期待されています。シンポジウムでは、これらのポテンシャルについての情報が共有され、農業やバイオテクノロジーの関係者たちから大きな関心を集めました。

このシンポジウムは、後に全国紙やオンラインニュースサイトで幅広く

取り上げられ、登壇者はラジオやその他のイベントに招待されるなど、反響が大きかったことがわかります。このイベントでは、一般向けにゲノム編集技術に関する情報を提供し、関心を高めることで、社会的な議論の促進が図られました。

El martes 4 de diciembre de 2018 distintos especialistas se reunieron en el Centro Cultural de la Ciencia C3 para disertar sobre edición génica. La jornada estuvo destinada a conocer en profundidad esta tecnología que promete transformar el sector agropecuario como el de la salud humana. Con la participación de referentes en la materia, el encuentro buscó aportar información, derribar mitos y mostrar nuevas miradas sobre la edición genética y el conjunto de herramientas de ingeniería genética que permite realizar modificaciones muy precisas en el ADN.
Este evento fue organizado conjuntamente por las Secretarías de Gobierno de Ciencia, Tecnología e Innovación Productiva, de Agroindustria y de Salud y sus respectivos organismos descentralizados: CONICET, INTA y ANLIS.

¿De qué hablamos cuando hablamos de "Edición génica"?

Para comenzar, el término "Edición génica" hace referencia a un conjunto de herramientas de ingeniería genética que permite realizar modificaciones muy precisas en el ADN. *"Existen distintos herramientas de edición génica, y todos ellos actúan generando un corte en un sitio de interés de la molécula de ADN, que luego será reparado mediante mecanismos propios de la célula. Es en este momento en el cual se producirá el cambio preciso deseado en el ADN"*, explica María Eugenia Segretin.

En el caso de salud humana, *"se trata de estrategias terapéuticas. Son herramientas que provee la genética y que permiten corregir mutaciones que condicionan enfermedades"*, señala Claudia Perandones y aclara que no se trata de tratamientos disponibles ni de mejoramientos de la especie.

En el caso de la producción animal y vegetal, el alcance potencial de estas herramientas es enorme e incluye numerosas y diversas aplicaciones. Existen ejemplos a nivel mundial de desarrollos muy avanzados en ambos campos de aplicación. Entre ellos, podemos mencionar ejemplos de mejoramiento vegetal como los champignones que no se oxidan, o los tomates que resisten ciertas enfermedades. También existen desarrollos para mejorar el bienestar animal, entre ellos la edición génica en terneros para que no desarrollen cuernos, que permitirá eliminar una práctica no confortable para el animal que es el descorne, y la generación de cerdos inmunes al Virus de la fiebre porcina africana, una enfermedad que compromete seriamente la salud animal.

出所： Ministry of Science, Technology and Innovation of Argentina ウェブサイトより

関連リンク

アルゼンチン政府のウェブサイト（シンポジウムのスペイン語の動画を含む）：
http://www.cursobioeconomia.mincyt.gob.ar/edicion-genica-2/
シンポジウムについての報告論文： https://wellcomeopenresearch.org/articles/5-244

Open Forum on Agricultural Biotechnology in Africa

アフリカ農業技術財団による 公開フォーラム

 一般市民、ステークホルダー

アフリカ農業技術財団(African Agricultural Technology Foundation：AATF)[1]は、「アフリカ農業バイオテクノロジー・オープンフォーラム(The Open Forum on Agricultural Biotechnology in Africa：OFAB)」と呼ばれるプロジェクトを進めています。OFABは、アフリカの農業バイオテクノロジーに関する情報発信や対話を通じて、農業バイオテクノロジーに対する社会的な理解を深化させることを目指しています。一般市民や政策関係者との対話を通じて、情報共有や議論を促進し、科学的根拠に基づいた正確な情報を提供することで、農業バイオテクノロジーに対する理解を高め、健全な意思決定を支援することを目的としています。このプロジェクトでは、農業バイオテクノロジーに関する科学的な知見や研究成果を広く一般に伝えるための情報発信活動やワークショップ、セミナーなどが行われています。

OFABは2006年に始まり、ケニア、ウガンダ、タンザニア、ナイジェリア、ガーナ、ブルキナファソ、エチオピア、モザンビーク、マラウィ、ルワンダの10か国が参加しています。

主な活動は、月例会議を通じた議論の場の提供、ソーシャルメディアやマスメディアを通じた情報発信、農村部でのコミュニケーション活動、展示会の開催、そしてバイオテクノロジーに関する資料の制作などです。

また、エチオピア支部では、科学的根拠に基づいた質の高い記事やラジオ・テレビ番組などを制作したジャーナリストにメディア賞を授与しています。

Open Forum on Agricultural Biotechnology in Africa

出所： OFAB のウェブサイトより

用語解説

1. African Agricultural Technology Foundation (AATF)： AATF は、サハラ砂漠以南の農民が抱える農業生産性の問題を解決し、生活の向上に貢献できる実用的な技術を提供することを目的とする非営利財団。

関連リンク

OFAB のプロジェクトについて： https://www.aatf-africa.org/the-open-forum-on-agricultural-biotechnology-in-africa-ofab/

OFAB のパンフレット： https://www.aatf-africa.org/wp-content/uploads/2021/02/project-brief9-1.pdf

Framework for Responsible Use

CRGEAによる『ゲノム編集の責任ある利用のためのフレームワーク』

 ステークホルダー

2022年に公表された『農業におけるゲノム編集の責任ある利用[1]のためのフレームワーク』は、生産者、食品事業者、大学などの研究機関、NGO、外食産業、流通関連の事業者など、150の会員とパートナー団体が参加するネットワーク（Coalition for Responsible Gene Editing in Agriculture： CRGEA）によって作成されました。

このフレームワークは、ゲノム編集技術の農業への応用において倫理的な選択を促進し、消費者がフードシステムに対して信頼を持てるような社会づくりを目指しています。ガイドラインの作成には、コーネル大学やカリフォルニア大学デービス校などの大学、コルテバ・アグリサイエンスやベンソンヒルバイオシステムズなどの企業、アメリカ種子協会や食品産業協会などの業界団体、市民のための科学センターなどの市民団体が参加しました。

また、市民団体、業界団体、研究者からなる管理委員会も設置され、第三者的立場からガイドライン作成のプロセスを評価し、さま

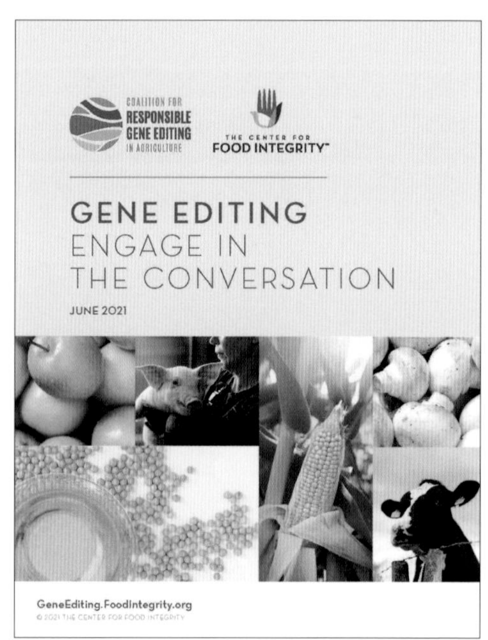

出所： CRGEAによる報告書

ざまな利害関係者の意見を反映しています。

コミットメントした団体や組織は、作物の生産から加工、流通に至るまで、倫理的な選択をすることが求められます。具体的には、1）情報の公開、2）ステークホルダーとの対話、3）安全性と品質の確保、4）国際取引における貿易相手国の規制の遵守、5）多様な視点の尊重、6）ガイドラインの継続的な改善、7）自主点検の実施の7つの原則があります。これにより、ゲノム編集技術の利用において社会的な信頼性と透明性を確保し、持続可能な農業の実現を目指しています。

関連して、『ゲノム編集技術の円滑なコミュニケーションのために』という資料も公表されています。この資料は、ゲノム編集技術に関する情報の適切な伝達とコミュニケーションを促進するための指針やツールを提供しています。コミュニケーションを促進することにより、持続可能な農業の実現や食料システムの発展に向けた共通の理解や協力が生まれることで、ゲノム編集技術の責任ある利用が推進されることが期待されます。

用語解説

1. 責任ある利用：「責任ある利用」とは、欧州の科学技術政策において繰り返し議論されてきた「責任ある研究・イノベーション(RRI)」から派生した考え方。この考え方は、倫理的に科学技術を利用することによって社会的課題の解決を目指すものである。

関連リンク

農業におけるゲノム編集の責任ある利用のためのフレームワーク：
https://geneediting.foodintegrity.org/responsible-use-guidelines/
コミュニケーション用リソース：
https://foodintegrity.org/programs/gene-editing-agriculture/

Target Malaria

インペリアル・カレッジ・ロンドンによる
情報提供プログラム

対象　一般市民

ターゲット・マラリア（Target Malaria）は、マラリアの感染症を撲滅することを目指す研究コンソーシアムです。ゲノム編集技術の進歩により、「遺伝子ドライブ」と呼ばれる技術が開発されました。この遺伝子ドライブ技術は、マラリアに耐性を持つ蚊を自然界に広まらせることで、マラリアの根絶に貢献することが期待されています。

将来的にアフリカで遺伝子ドライブを利用することを見越して、2022年11月にはタンザニアで東アフリカ地域の関係者を招いた政策対話が行われました。この対話では、東アフリカ地域内のバイオセーフティーに関わるルールの調和や環境影響などが取り上げられました。政策対話の目的は、遺伝子ドライブ技術の導入に伴う倫理的な問題や環境リスクなどについて関係者の意見を交換し、持続可能で安全な利用方法を模索することです。特にバイオセーフティーの確保や生態系への影響の評価などが議論され、遺伝子ドライブ技術の導入における規制やガイドラインの整備に向けた基盤作りが進められました。

出所：　ターゲット・マラリアのウェブサイトより

ガーナやウガンダでは、農村の住民を対象とし、遺伝子ドライブについての情報提供が行われました。これは、地域住民に直接情報を届けることを目的とした活動です。

特にウガンダ、ブルキナファソ、およびマリの農村地域の住民には、遺伝子ドライブに関する用語集が制作され、現地の言語での解説が行われています。これにより、住民が遺伝子ドライブについてより理解しやすくなり、情報が徐々に広まっているとされています。これらの情報提供や用語集の制作・配布は、地域住民の参加と理解を促進するために行われています。地域住民の参加と理解が得られることで、遺伝子ドライブの導入に関する意思決定や対策の策定において、より包括的かつ参加型のプロセスが実現されることが期待されます。

関連リンク

ターゲット・マラリア： https://targetmalaria.org/

Training Workshop

IITAによる
人材育成プログラム

研究者、ステークホルダー

ケニアでは2021年、ナイジェリアでは2022年に、コミュニケーション能力を向上させるための人材育成プログラムが開催されました。このプログラムは、国際熱帯農業研究所（International Institute of Tropical Agriculture： IITA）、コーネル・アライアンス・フォー・サイエンス（30～31ページ参照）とアフリカ農業バイオテクノロジー・オープンフォーラム（42～43ページ参照）の主催によるもので、食料安全保障と栄養向上のためのゲノム編集技術に焦点が置かれました。プログラムには、講義、ワークショップ、実践的なトレーニングなどが含まれており、参加者はゲノム編集技術を実際に使って経験を積みました。

ケニアで行われた4日間のワークショップには、ゲノム編集技術の研究者、サイエンスライター、関連する学会の代表者、バイオテクノロジーや育種学専門の修士・博士課程の学生、農民団体の代表者など35名が参加しました。このワークショップでは、コミュニケーション能力向上のためのトレーニングやゲノム編集技術に関する法律や規制についての情報提供も行われました。ワークショップには、幅広い背景を持つ参加者が集まり、ゲノム編集技術に関する最新の研究成果や情報を共有し、参加者同士の交流が行われました。また、参加者が持つ異なる視点や専門知識を共有し合うことで、より深い理解や新たな発見が生まれるなど、知識の相互交流が促進されました。このようなワークショップにより、ゲノム編集技術に関連する情報の伝達が促進されたと言えます。

ナイジェリアでも研究者やサイエンスコミュニケーターなど50名が参加し、3日間のワークショップが開催されました。このワークショップでは、研究成果を分かりやすく伝える方法についての知識やノウハウの共有が行われました。また、参加者は異なる背景や専門知識を持ち、幅広い視点からゲノム編集技術について議論しました。ワークショップでは、科学的な情報を一般の人々にわかりやすく伝えるための方法についてのトレーニングも行われました。例えば、ニュース記事やソーシャルメディア、ラジオ、テレビ向けのゲノム編集技術に関する資料を制作する方法についての実践的なトレーニングが行われ、参加者は科学的な情報を一般の人びとに届けるための効果的なコミュニケーション戦略を学びました。このように、参加者はゲノム編集技術に関する情報を幅広いメディアで効果的に伝える方法を学びました。

ケニアとナイジェリアでのトレーニングの様子は、以下の関連リンクからご覧いただけます。

出所： ケニアの IITA のゲノム編集研究施設を訪れた、トレーニングの参加者たち。IITA のウェブサイトより

関連リンク

ケニア： https://www.iita.org/news-item/35-learn-about-gene-editing-and-its-communication/

ナイジェリア： https://www.iita.org/news-item/over-50-scientists-and-science-communicators-trained-to-communicate-on-genome-editing/

Policy, Practice and Public Perceptions

GEAP3による

ゲノム編集技術に関する社会調査

 一般市民

GEAP3（Genome Editing and Agricultural Policy, Practice and Public Perceptions）は、ゲノム編集技術に関する政策研究、農業への影響評価、世論調査を行う研究チームです。このチームは、政策グループ、実践グループ、そして一般市民の意識調査グループという3つのグループから編成されています。

政策グループは、2018年の欧州司法裁判所（European Court of Justice： ECJ）が出したゲノム編集技術の法的解釈に関して、ECJによる解釈がEU加盟国内のゲノム編集技術の農業利用、欧州の国際貿易や途上国への開発援助プログラムにどのような影響を及ぼすのかについて検討を進めています。また、EU加盟国間でゲノム編集技術についての考え方や規制の枠組みが異なることから、それが加盟各国に及ぼす影響や規制の調和の可能性についても検討しています。

出所： GEAP3のウェブサイトより

実践グループは、EUおよびEU域外の農業にお

ける農業バイオテクノロジーの影響について研究を行っています。具体的には、ゲノム編集技術を褐色条斑病耐性のキャッサバ、タンパク質含有量を高めたソルガム、耐病性トウモロコシ、乾燥耐性のイネの育種に用いた場合の農業の持続可能性、レジリエンス、公平性を評価しています。例えば、農業の持続可能性については、作物の病気や害虫に対する耐性を高めることで、農薬の使用を減らし、環境への負荷を低減する効果があるかどうかを評価しています。また、レジリエンスの観点では、気候変動や病害虫の変化に対する作物の耐性向上がどのように影響するかを評価しています。公平性の観点では、農業バイオテクノロジーを用いた育種が、農業生産者や消費者、特定の地域やグループに対して公平であるかどうかを評価しています。

意識調査グループは、欧州の市民の意識変化に着目し、何が意識の変化をもたらすか、また市民の意識をリアルタイムで捉える方法の開発や、市民がゲノム編集技術について十分に論議できる環境を整えるために、科学者は何をすべきかという観点から研究が進められています。研究の成果は、『ゲノム編集の規制上の課題』、『欧州連合におけるゲノム編集技術の規制をめぐるポリティックス』、『ブレグジット後の英国の規制』、『ゲノム編集技術の農業分野への応用： 今後の展望』というタイトルの報告書にまとめられ、ウェブサイトから閲覧することができます。

関連リンク

GEAP3： https://www.geap3.com/

Public Dialogue on Genome Editing

ナフィールド生命倫理評議会・バイオテクノロジー・生物科学研究会議による

市民対話プログラム

一般市民

ナフィールド生命倫理評議会[1]とバイオテクノロジー・生物科学研究会議（Biotechnology and Biological Sciences Research Council）[2]は、英国がEUからの離脱後、新技術導入の可否をより迅速に決定することができる体制に変わったことを踏まえ、『英国の将来の食料供給におけるゲノム編集動物の役割』という名称の市民対話プログラムを実施しました。このプログラムは、2022年5月から7月の間に4回開催されました。詳細は、『ゲノム編集による家畜の改変についての市民対話（Public dialogue on genome editing in farmed animals）』という報告書にまとめられています。

出所： UKRIのウェブサイトより

対話プログラムでは、次のような意見が出されました（以下、原文をそのまま訳出）。

- ゲノム編集技術により生産性の向上や消費者への利益がもたらされる可能性がある。また、解決が難しい社会課題に対応する可能性もあり、家畜の健康にも貢献し、無農薬農法や廃棄物の低減につながる可能性がある。
- ゲノム編集技術により農業による環境影響を軽減する可能性についての問いに対して、環境問題は、動物が起こしたのではなく、人間が起こした問題であるため、環境問題を解決するには人間の行動変容が必要不可欠である。
- ゲノム編集によって改良された家畜は、これまでの育種技術との区別がつかない場合があるが、それでも自然なものであるとは感じられない。また、動物の遺伝子を編集することの良し悪しを判断することも難しい。
- 社会的な課題を解決するにはアグロエコロジーや廃棄物削減などの低投入アプローチがある。しかし、将来の肉の需要に対応することができるかどうかは、検討が必要である。

報告書では、ゲノム編集を用いた動物に関する対話プログラムに参加した多くの人々は、「科学研究や食料問題について理解を深め、今後の食生活やライフスタイル、政策について積極的に考えたい」という感想が述べられています。

用語解説

1. ナフィールド生命倫理評議会： 1991年にナフィールド財団によって設立された、英国の独立機関であり、生物学や医学に関する倫理的課題を調査することをミッションとする。
2. バイオテクノロジー・生物科学研究会議（BBSRC）： 英国研究・イノベーション機構（UKRI）の分野別研究会議の一つであり、生物科学研究及び大学院教育の推進と支援を行う。この組織は、科学と社会のより良い関係構築を目指し、市民参加が重要であるという理念を持っており、科学研究のあらゆる段階において市民を受け入れることを推進する。また、合成生物学やバイオエネルギー、バイオサイエンスなど、これまでにさまざまなバイオテクノロジーに関する市民対話プログラムを実施してきた実績がある。

関連リンク

Biotechnology and Biological Sciences Research Council (BBSRC) - UKRI： https://www.ukri.org/councils/bbsrc/

Public dialogue on genome editing in farmed animals - UKRI： https://www.ukri.org/publications/public-dialogue-on-genome-editing-in-farmed-animals/

Public Attitudes to Gene Drive Technologies

ニュージーランド自然保護局および研究チームによる遺伝子ドライブの全国調査

 一般市民

ニュージーランド自然保護局[1]、ランドケア研究所[2]、Predator Free 2050[3]、そしてニュージーランド国内の大学の研究者らによるチームが結成され、遺伝子ドライブに関する全国調査が行われました。この調査は、8,119名のニュージーランド国民を対象に実施され、一般市民の遺伝子ドライブを利用した害獣駆除技術への態度や、それを形成する要因としての世界観との関係性を調査しました。この調査は、2016年にニュージーランド政府が自然保護局に対し、Predator Free 2050の戦略的な進め方と行動計画を策定するよう要請したことをきっかけに行われました。Predator Free 2050では、遺伝子ドライブが、化学薬品を使用した害獣駆除や捕獲に代わる駆除手段として提案されています。

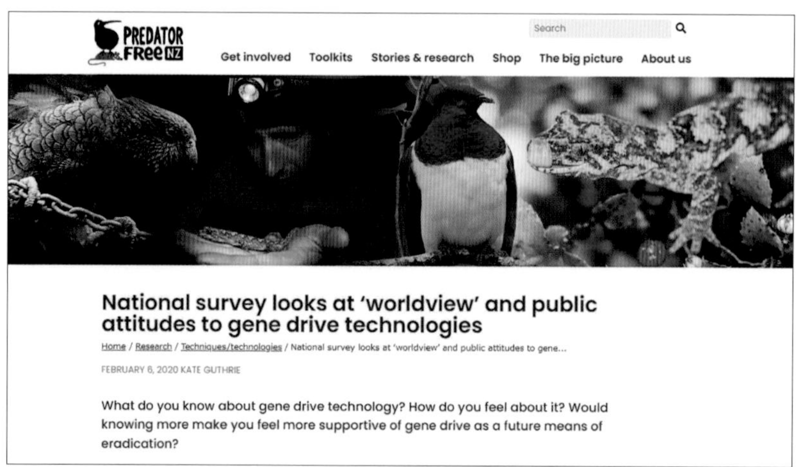
PREDATOR Free NZ
Search
Get involved Toolkits Stories & research Shop The big picture About us

National survey looks at 'worldview' and public attitudes to gene drive technologies

Home / Research / Techniques/technologies / National survey looks at 'worldview' and public attitudes to gene...

FEBRUARY 6, 2020 KATE GUTHRIE

What do you know about gene drive technology? How do you feel about it? Would knowing more make you feel more supportive of gene drive as a future means of eradication?

出所： Predator Free NZのウェブサイトより

調査の結果、多くのニュージーランド国民が、遺伝子ドライブを使用して害獣駆除を行うことに反対していることが明らかになりました。調査では、国民の世界観を人道主義、個人主義、実践主義、科学主義の４つに分類し、人びとの態度との相関関係を検討しました。その結果、それぞれの世界観に応じて、遺伝子ドライブに対する態度には著しい差異があることが示されました。

この結果から、遺伝子ドライブを含む新しい技術についての対話は、市民の世界観に配慮したコミュニケーションが重要であることが示唆されました。つまり、新しい技術の導入に際しては、一方的に情報を伝えるのではなく、市民との対話を通じて相互理解を深める必要があります。それぞれの世界観や価値観を尊重しながら、情報を共有し、懸念や意見を反映させることが重要です。

用語解説

1. ニュージーランド自然保護局（Department of Conservation： DOC）： ニュージーランドの自然と歴史的遺産を保護することをミッションとする政府機関。
2. ランドケア研究所： ニュージーランドにある７つのクラウンリサーチ研究所（Crown Research Institutes： CRIs）の一つであり、土壌環境や生物多様性に関連する研究を通じて、ニュージーランドの新しい価値創造を目指す。
3. Predator Free 2050： 2050年までにニュージーランドに侵入した全ての哺乳類による捕食者を根絶することを目指す計画で、政府はを含め、民間の土地所有者、コミュニティグループ、マオリなどが積極的に協力して捕食者の駆除活動を行う。

関連リンク

Predator Free NZ： https://predatorfreenz.org/
遺伝子ライブに関する全国調査： https://predatorfreenz.org/research/public-attitudes-worldview-gene-drive-technologies/

Stakeholder Consultation Programme

CHIC による

ステークホルダーとの対話プログラム

生産者、事業者、環境保護団体、一般市民など

CHIC プロジェクトは、育種学的研究や分子生物学的な研究を行い、新しいチコリの品種を開発しています。現在、ルートチコリは、食品に添加される食物繊維や甘味料であるイヌリンの商業生産に使用されていますが、作物としては未利用であり、育種には長い時間がかかります。そのため、CHIC プロジェクトでは、食物繊維の生産に利用可能なチコリ品種の開発を目指しています。また、ゲノム編集チコリの社会実装を見据え、産業界やさまざまなステークホルダーとの対話プログラムも実施しています。CHIC の対話プログラムは、以下の目的を持って行われました。

・CHIC が開発したゲノム編集チコリに関するステークホルダーの意見収集
・ゲノム編集チコリの利点を最大限に生かし、リスクを軽減するための管理方法の探索
・社会のニーズに合った社会実装のシナリオを特定し、懸念に対応する方法の提案

これらの活動を達成するために、対話プログラムは CHIC のプロジェクト期間全体にわたって実施されました。

出所： CHIC プロジェクト成果報告書「ステークホルダーとの対話、コミュニケーション、透明性を促進するための戦略」より

ゲノム編集チコリの対話プログラムは、欧州の科学政策の理念である「責任ある研究・イノベーション」を踏まえ、2018年のプロジェクト開始当初から国レベル（チコリが生産されているベルギー、フランス、オランダ）、地域レベル、そして欧州レベルで実施されています。国また地域レベルの対話プログラムでは、環境保護団体、消費者団体に加え、さまざまなステークホルダーや規制担当者が議論に参加し、ゲノム編集チコリの利用に伴う健康または環境上のリスクや社会経済的課題について議論を行いました。欧州レベルの対話プログラムでは、欧州の規制上の取扱いや域内のゲノム編集作物・食品の取引についてなど、実質的な課題について意見交換が行われました。このように国レベル、地域レベル、欧州レベルという重層的な体制で対話を進めることにより、さまざまな論点の抽出と共有が行われ、ゲノム編集チコリの社会実装に向けたプロセスが進められています。

代表機関は、オランダのワーヘニンゲン大学であり、研究コンソーシアムには、イタリア、スイスなどに拠点がある大学や研究機関、またキージーンなどのバイオテクノロジー企業に加え、中小企業、NGOなど、欧州11か国に拠点を置く17の機関とニュージーランドの大学が参加しています。

関連リンク

CHICプロジェクト： http://chicproject.eu/

おわりに

この小冊子では、アメリカ、欧州、オーストラリア、ニュージーランド、アフリカ、ラテンアメリカで行われている「ゲノム編集技術と社会をつなぐ試み」について紹介しました。これらの活動には、大学や研究機関、政府機関、民間企業、市民団体など、多様な主体が関与しています。それぞれの背景や目的に応じて、アプローチや取り組み方も異なっています。また、これらの活動は地域によっても異なっています。小冊子では26件の活動を紹介しましたが、その多様性を感じ取っていただけたでしょうか。これらを通じて、ゲノム編集技術と社会の関係における取り組みが世界各地で行われていることが伝わったのではないかと思います。さまざまな主体が協力し、さまざまなアプローチで進められていることは、ゲノム編集技術の社会的な重要性を反映していると言えるでしょう。

最後に、本小冊子で紹介した活動の特徴を簡単にまとめます。

英国では、国や公的な研究機関、慈善団体などが積極的にコミュニケーション活動を行っており、一般の人々に対して科学的成果や将来の展望をわかりやすく伝え、ゲノム編集技術についての社会的な理解を醸成しようとしています。その一方で、英国以外の欧州では、主にゲノム編集技術の研究機関が中心となって、ステークホルダーの意見を聴取し、多様な立場や意見を踏まえた上で、世論形成に努めています。また、アートを用いて科学の面白さを伝えるなど、新しいアプローチも試みられています。

オーストラリアでは、ゲノム編集技術の社会実装を進めるという政府の意向に沿った活動と市民が科学技術の意思決定に参加することを促す市民活動の両方が盛んに展開されています。一方、ニュージーランドでは政府が主導し、市民が科学技術の意思決定に参加できる環境を整えるイニシアティブを進めています。これはオーストラリアの活動とは対照的です。

アフリカでは、英国あるいはアメリカの大学がアフリカの活動に深く関与しており、関与する国の活動に似た取り組みが見られます。ラテンアメリカでは、主に医療や農業分野におけるゲノム編集の利用に焦点を当てた情報提供が行われています。

このように、活動の特徴は多岐にわたりますが、共通して言えるのは、人々が先端科学技術の社会への導入について意見を述べることができる環境が整備されつつあることです。今回、日本の事例を紹介することはできませんでしたが、国内でも、多くの興味深い活動が行われています。皆さんも自分が住んでいる地域で行われている、先端科学技術と社会をつなぐ試みに参加してみてはいかがでしょうか。

山口 富子

本小冊子は、戦略的イノベーション創造プログラム（SIP）第２期における課題「スマートバイオ産業・農業基盤技術」の成果をまとめたものです。小冊子の制作に協力いただいた国際基督教大学の研究アシスタントの石井花菜さん、そして共同文化社の馬場康広さんに心から感謝いたします。

編著者
山口　富子（国際基督教大学）
調査協力
石井　花菜（国際基督教大学）
制作協力
森山　力（農研機構）

ゲノム編集技術と社会をつなぐ試み
海外のコミュニケーション活動

2023 年 6 月 20 日　初版第 1 刷発行

編 著 者　山口 富子
発 行 所　株式会社共同文化社
〒060-0033　札幌市中央区北 3 条東 5 丁目
Tel 011-251-8078　Fax 011-232-8228
E-mail info@kyodo-bunkasha.net
URL https://www.kyodo-bunkasha.net/
印刷・製本　株式会社アイワード

写真提供：カバー、p.8/PIXTA

ISBN 978-4-87739-382-3